HAIR CUTTING WORK BOOK

헤어 커트 워크북

박은준 · 김우빈 · 권은실 · 박명희 · 황은혜

메디시인

머리말

근래에 우리나라는 모든 기술직종에서 국가직무능력표준(NCS, National Competency Standards)을 제정하여 산업현장에서 성공적이고도 효율적인 직무수행 능력을 갖도록 필요한 지식과 기술, 그리고 소양 등을 체계화하여 기술 및 학습 교육의 표준화를 이루었습니다.

이 책은 현장 실무에 비중을 두고 헤어 커팅 실습의 결과물을 포트폴리오 형태로 정리, 보관하여 효과적으로 활용할 수 있도록 워크북 형태로 만들어졌습니다. 베이직 헤어 커팅과 응용 헤어커팅의 과정을 거치면서 전문적인 기술을 습득하고, 다양한 테크닉을 구사할 수 있도록 하였으며, 시술 시 정확한 커트의 개념과 기구의 사용방법, 시술 시 주의사항에 대해 기록하여 정리하기 쉽게 집필되었습니다. 또한 고객의 체형과 얼굴형, 모발의 길이와 모질, 모류에 대한 정확한 판단을 할 수 있는 능력을 기르고 그에 맞는 시술을 할 수 있게 하기 위함입니다.

헤어 커팅의 다양한 테크닉을 실습하고, 그 내용을 기록, 촬영하여 필요할 때 쉽게 찾아볼 수 있도록 하여, 실무현장에서 자신감을 길러주고 인정받을 수 있도록 하는 것이 이 책의 목표입니다.

헤어 커팅 워크북을 통한 학습은 자율적인 학습활동에 그치는 것이 아니고 학습효과를 판정하기 위한 하나의 자료로 사용되기를 바랍니다.

끝으로 출간에 적극적으로 참여해 주신 선생님들과 편집디자인과 출판을 위해 애써주신 메디시언 임직원들에게도 심심한 감사의 말씀을 드립니다.

기해년 만추에

박 은 준

차례

머리말 / 3

Chapter 1. 헤어 커트의 이해

1. 두상의 기본 Point ···· 10
2. 두상의 Zone ···· 11
3. 얼굴형에 따른 헤어디자인 분석 ···· 12
4. 앞머리(뱅, Bang)에 따른 이미지 분석 ···· 14
5. 가르마(Part)에 따른 이미지 분석 ···· 15
6. 커트 시술 시 주의 사항 ···· 16
7. 커트에 활용되는 도구 및 제품 사용법과 관리 ···· 17
8. 헤어 커팅에 사용되는 도구와 기구소독 및 제품 관리 방법 ···· 23
9. 안전하고 위생적인 실습관리 방법 ···· 24

Chapter 2. 트렌드 커트 1

1. 트렌드 커트 1 도해도 ···· 25
2. 트렌드 커트 1 시술 과정 ···· 26
3. 트렌드 커트 1 완료 사진 ···· 27

Chapter 3. 트렌드 커트 2

1. 트렌드 커트 2 도해도 ···· 31
2. 트렌드 커트 2 시술 과정 ···· 32
3. 트렌드 커트 2 완료 사진 ···· 33

Contents

Chapter 4. 트렌드 커트 3

1. 트렌드 커트 3 도해도 ······ 37
2. 트렌드 커트 3 시술 과정 ······ 38
3. 트렌드 커트 3 완료 사진 ······ 39

Chapter 5. 트렌드 커트 4

1. 트렌드 커트 4 도해도 ······ 43
2. 트렌드 커트 4 시술 과정 ······ 44
3. 트렌드 커트 4 완료 사진 ······ 45

Chapter 6. 트렌드 커트 5

1. 트렌드 커트 5 도해도 ······ 49
2. 트렌드 커트 5 시술 과정 ······ 50
3. 트렌드 커트 5 완료 사진 ······ 51

Chapter 7. 트렌드 커트 6

1. 트렌드 커트 6 도해도 ······ 55
2. 트렌드 커트 6 시술 과정 ······ 56
3. 트렌드 커트 6 완료 사진 ······ 57

차례

Chapter 8. 트렌드 커트 7

1. 트렌드 커트 7 도해도 ··· 61
2. 트렌드 커트 7 시술 과정 ··· 62
3. 트렌드 커트 7 완료 사진 ··· 63

Chapter 9. 트렌드 커트 8

1. 트렌드 커트 8 도해도 ··· 67
2. 트렌드 커트 8 시술 과정 ··· 68
3. 트렌드 커트 8 완료 사진 ··· 69

Chapter 10 트렌드 커트 9

1. 트렌드 커트 8 도해도 ··· 73
2. 트렌드 커트 8 시술 과정 ··· 74
3. 트렌드 커트 8 완료 사진 ··· 75

Chapter 11 트렌드 커트 10

1. 트렌드 커트 10 도해도 ··· 79
2. 트렌드 커트 10 시술 과정 ··· 80
3. 트렌드 커트 10 완료 사진 ··· 81

Contents

Chapter 12 트렌드 커트 11

1. 트렌드 커트 11 도해도 ····· 85
2. 트렌드 커트 11 시술 과정 ····· 86
3. 트렌드 커트 11 완료 사진 ····· 87

Chapter 13 트렌드 커트 12

1. 트렌드 커트 12 도해도 ····· 91
2. 트렌드 커트 12 시술 과정 ····· 92
3. 트렌드 커트 12 완료 사진 ····· 93

Chapter 14 트렌드 커트 13

1. 트렌드 커트 13 도해도 ····· 97
2. 트렌드 커트 13 시술 과정 ····· 98
3. 트렌드 커트 13 완료 사진 ····· 99

Chapter 15 트렌드 커트 14

1. 트렌드 커트 14 도해도 ····· 103
2. 트렌드 커트 14 시술 과정 ····· 104
3. 트렌드 커트 14 완료 사진 ····· 105

차례

Chapter 16 트렌드 커트 15

1. 트렌드 커트 15 도해도 ···································· 109
2. 트렌드 커트 15 시술 과정 ···································· 110
3. 트렌드 커트 15 완료 사진 ···································· 111

HAIR CUTTING WORK BOOK

헤어 커트 워크북

Chapter 1

헤어 커트의 이해

1. 두상의 기본 Point

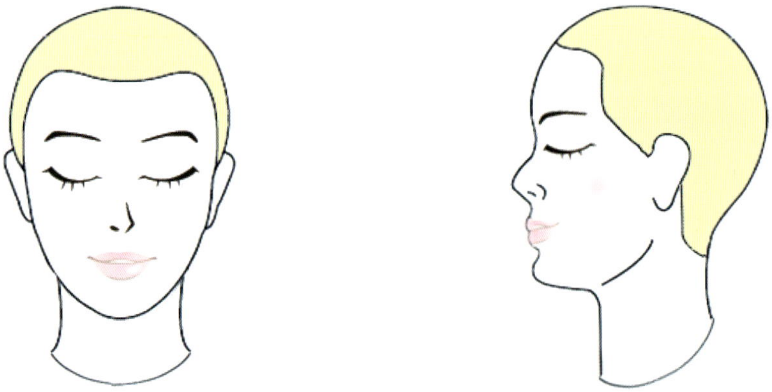

번 호	약 어	용 어

번 호	약 어	용 어

2. 두상의 Zone

영 역	명 칭	역 할

3. 얼굴형에 따른 헤어디자인 분석

① 계란형

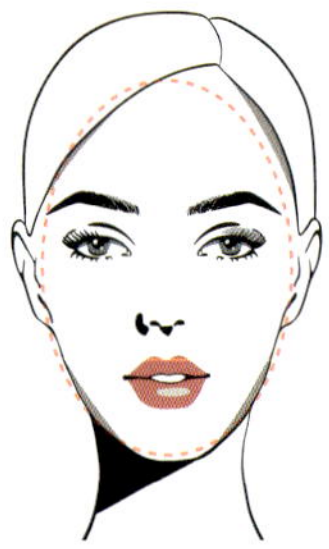

② 둥근형

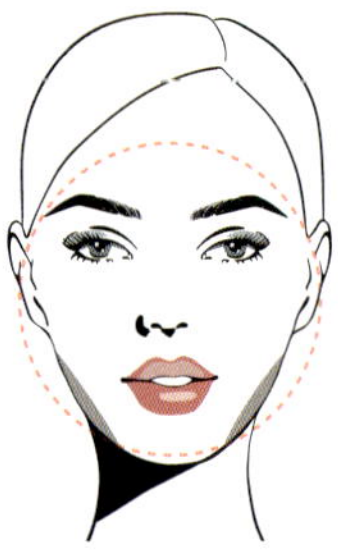

③ 장방형

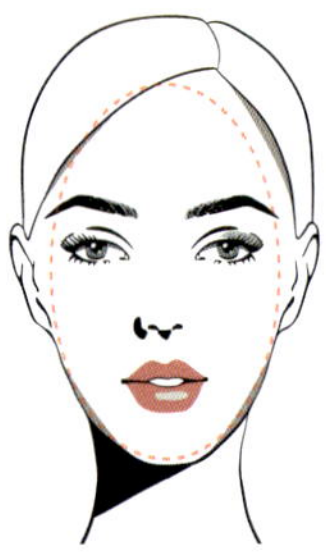

④ 사각형

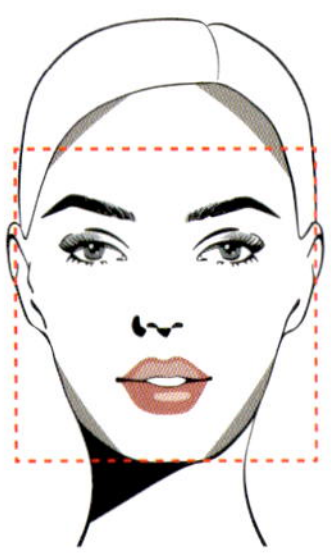

⑤ 삼각형 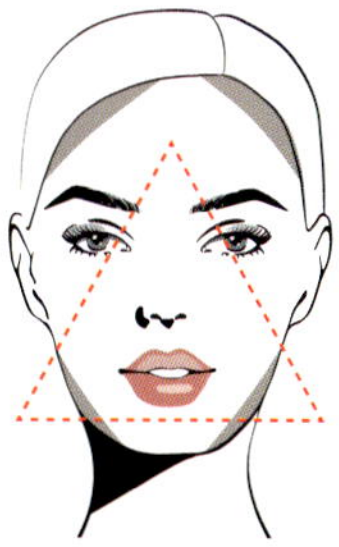	
⑥ 역삼각형 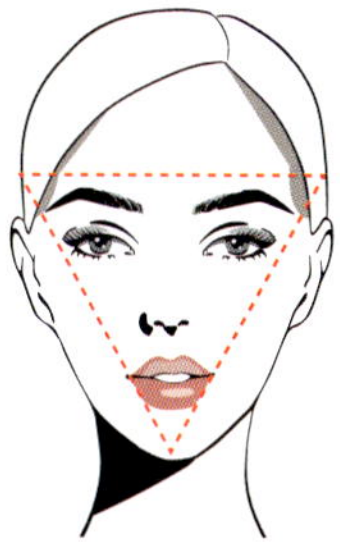	
⑦ 다이아몬드형 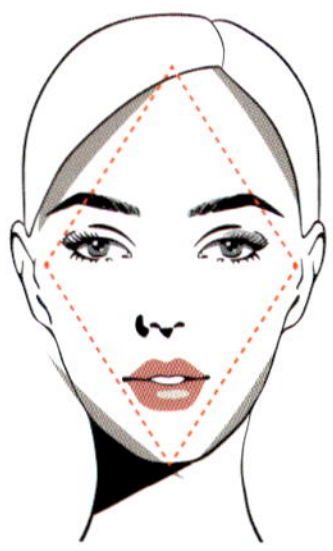	

4. 앞머리(뱅, Bang)에 따른 이미지 분석

① 사선 뱅 (Diagonal Bang)	
② 시스루 뱅 (See−through Bang)	
③ 일자형 뱅 (Horizontal Bang)	
④ 라운드 뱅 (Round Bang)	
⑤ 와이드 뱅 (Wide Bang)	
⑥ 처피 뱅 (Chirpy Bang)	

5. 가르마(Part)에 따른 이미지 분석

① 센터 가르마 (Center Part)	
② 사이드 가르마 (Side Part)	
③ 일자형 뱅 (Horizontal Bang)	
④ 곡선 가르마 (Curve Part)	
⑤ 지그재그 가르마 (Zigzag Part)	

6. 커트 시술 시 주의사항

7. 커트에 활용되는 도구 및 제품 사용법과 관리

도 구	명 칭	사용 목적 및 사용 방법

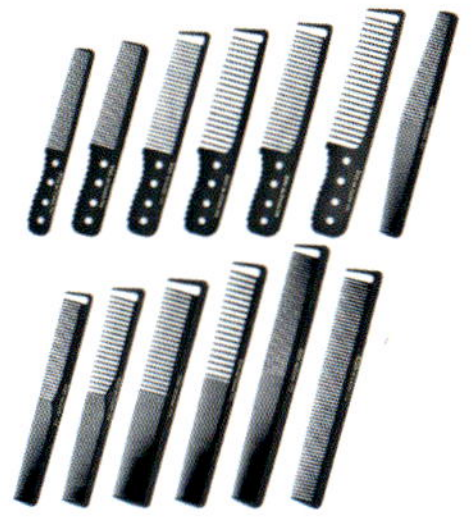		
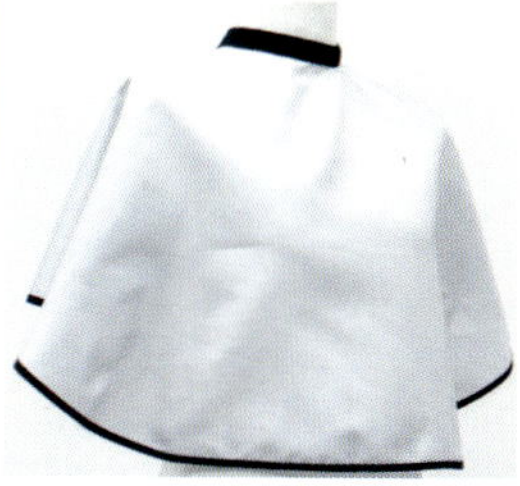		
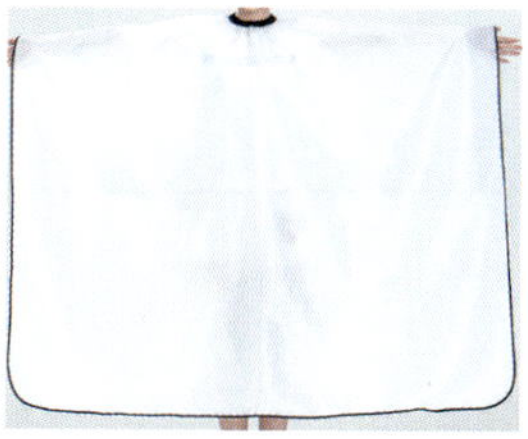		

도 구	명 칭	사용 목적 및 사용 방법
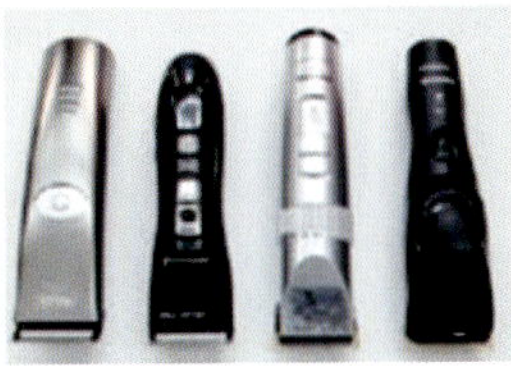		
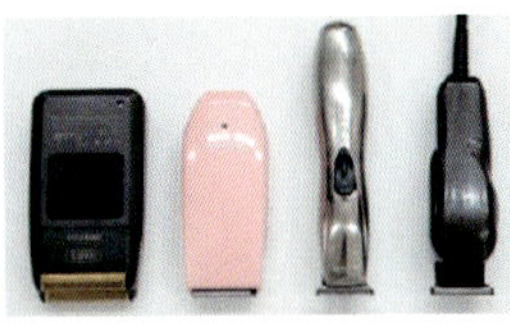		

도 구	명 칭	사용 목적 및 사용 방법
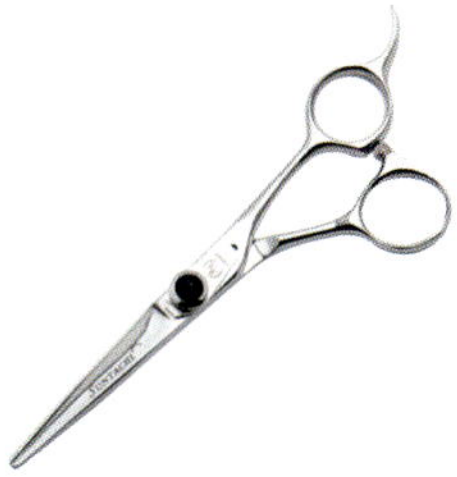		
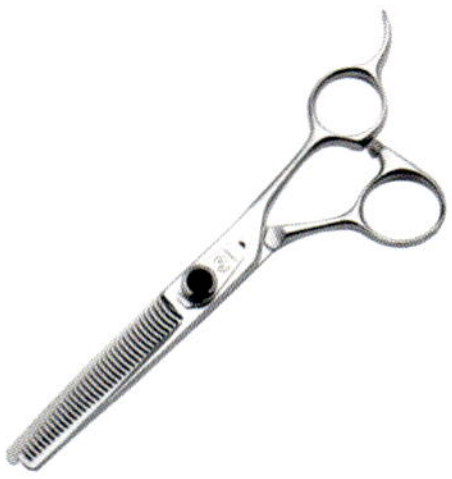		

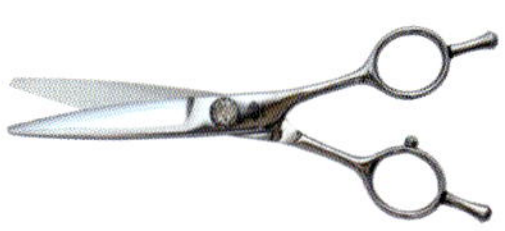		
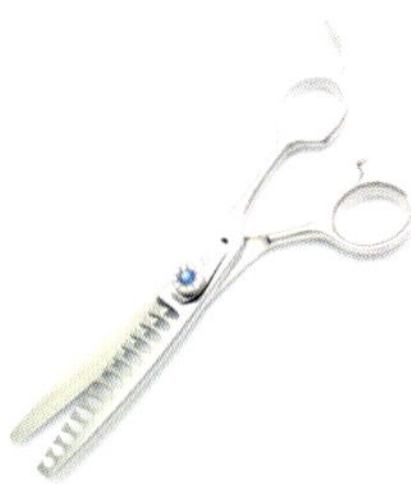		

도 구	명 칭	사용 목적 및 사용 방법
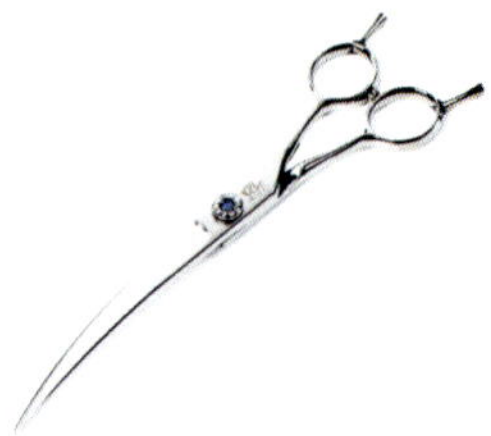		

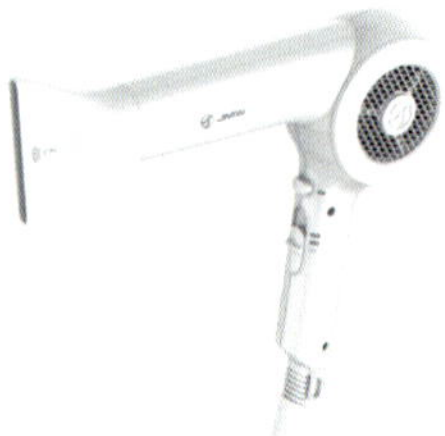		

도 구	명 칭	사용 목적 및 사용 방법

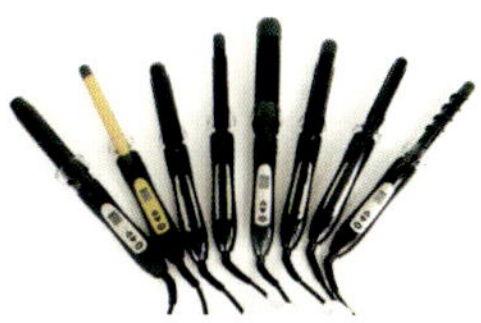		

도 구	명 칭	사용 목적 및 사용 방법

8. 헤어 커팅에 사용되는 도구와 기구 소독 및 제품 관리 방법

1. 도구 및 기구의 소독 방법

2. 제품의 올바른 보관 및 관리 방법

9. 안전하고 위생적인 실습관리 방법

1. 시술 장소의 안전과 위생을 유지할 수 있는 방법

2. 시술자의 안전과 위생을 유지할 수 있는 방법

3. 고객의 안전과 위생을 유지할 수 있는 방법

Chapter 2

트렌드 커트 1

학습목표

작품명	

이미지 사진	시술 후 사진

모델 데이터		시술 개요
나이		• 파트(part) :
얼굴 형태		
외형적 특징	• 신장 : • 체중 : • 목 길이 : • 두상의 크기 : • 이미지 :	• 블로킹(Blocking) : • 슬라이스(Slice) 폭 :
모질 파악	• 모발의 굵기 : • 모량 : • 질감 : • 모발의 형태 : • 모류의 방향 : • 가르마의 방향 : • 네이프 라인 형태 :	• 베이스(Base) : • 시술각(Projection): • 섹션(Section) : • 분배(Distribution) : • 정중선 층의 높이 :
두상 분석	• 전두부 : • 후두부 : • 측두부 :	• 가이드라인(Guide Line) : • 질감(Texture) 처리 :

1. 트렌드 커트 1 도해도

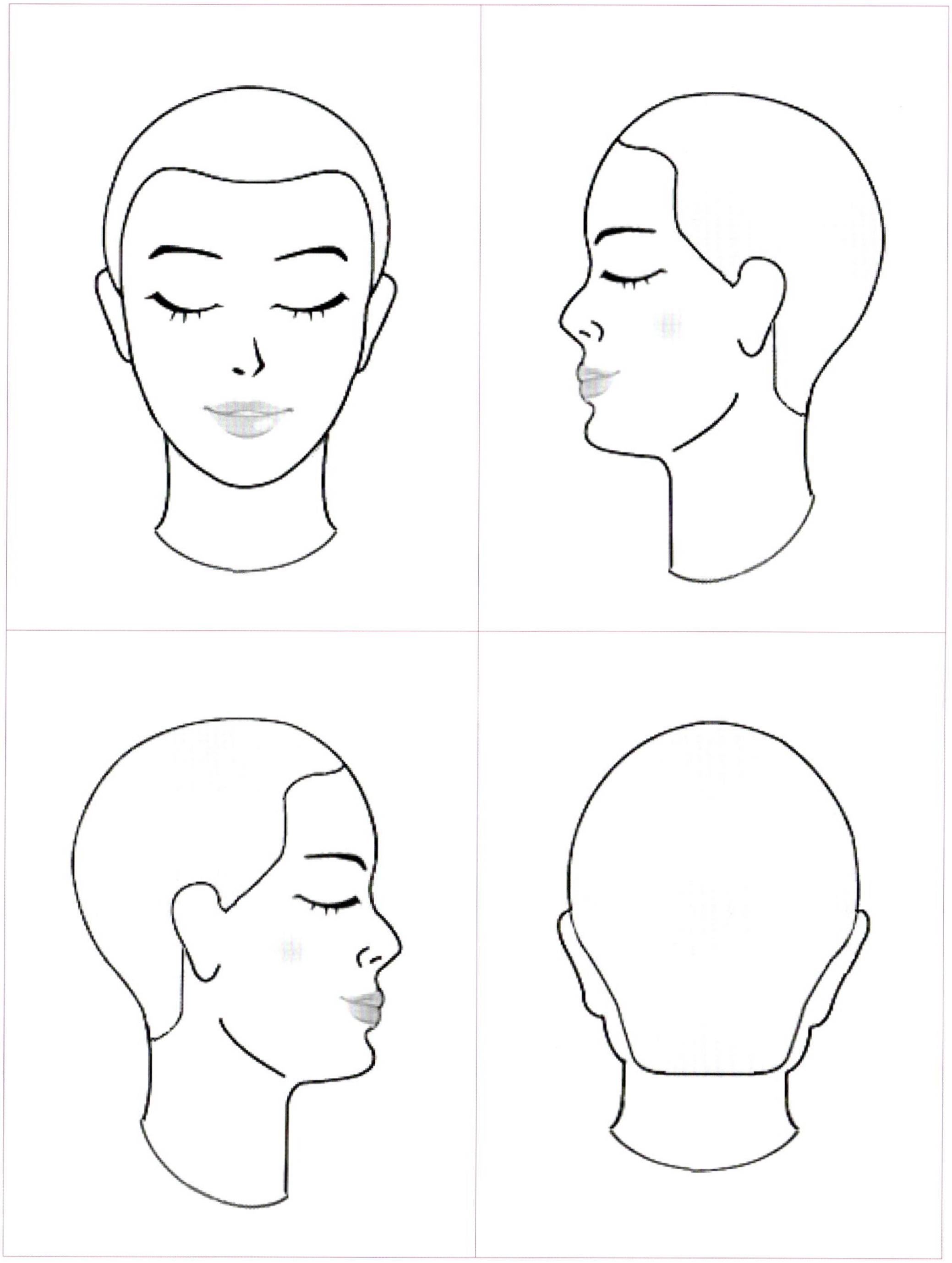

도해도

2. 트렌드 커트 1 시술 과정

실습 과정 사진		
사진		설명
		• • • • •
		• • • • •
		• • • • •
		• • • • •
		• • • • •

3. 트렌드 커트 1 완료 사진

앞(Front)	뒤(Back)
우측(Right Side)	좌측(Left Side)

단원 평가

트렌드 커트 1에 대한 장점과 단점, 그리고 느낀 점을 쓰시오.

[장 점]

[단 점]

[느낀 점]

참고자료(저자, 책명, 출판사, 출판년도)

Chapter 3

트렌드 커트 2

학습목표

작품명	

이미지 사진	시술 후 사진

모델 데이터	
나이	
얼굴 형태	
외형적 특징	• 신장 : • 체중 : • 목 길이 : • 두상의 크기 : • 이미지 :
모질 파악	• 모발의 굵기 : • 모량 : • 질감 : • 모발의 형태 : • 모류의 방향 : • 가르마의 방향 : • 네이프 라인 형태 :
두상 분석	• 전두부 : • 후두부 : • 측두부 :

시술 개요
• 파트(part) :
• 블로킹(Blocking) :
• 슬라이스(Slice) 폭 :
• 베이스(Base) :
• 시술각(Projection):
• 섹션(Section) :
• 분배(Distribution) :
• 정중선 층의 높이 :
• 가이드라인(Guide Line) :
• 질감(Texture) 처리 :

1. 트렌드 커트 2 도해도

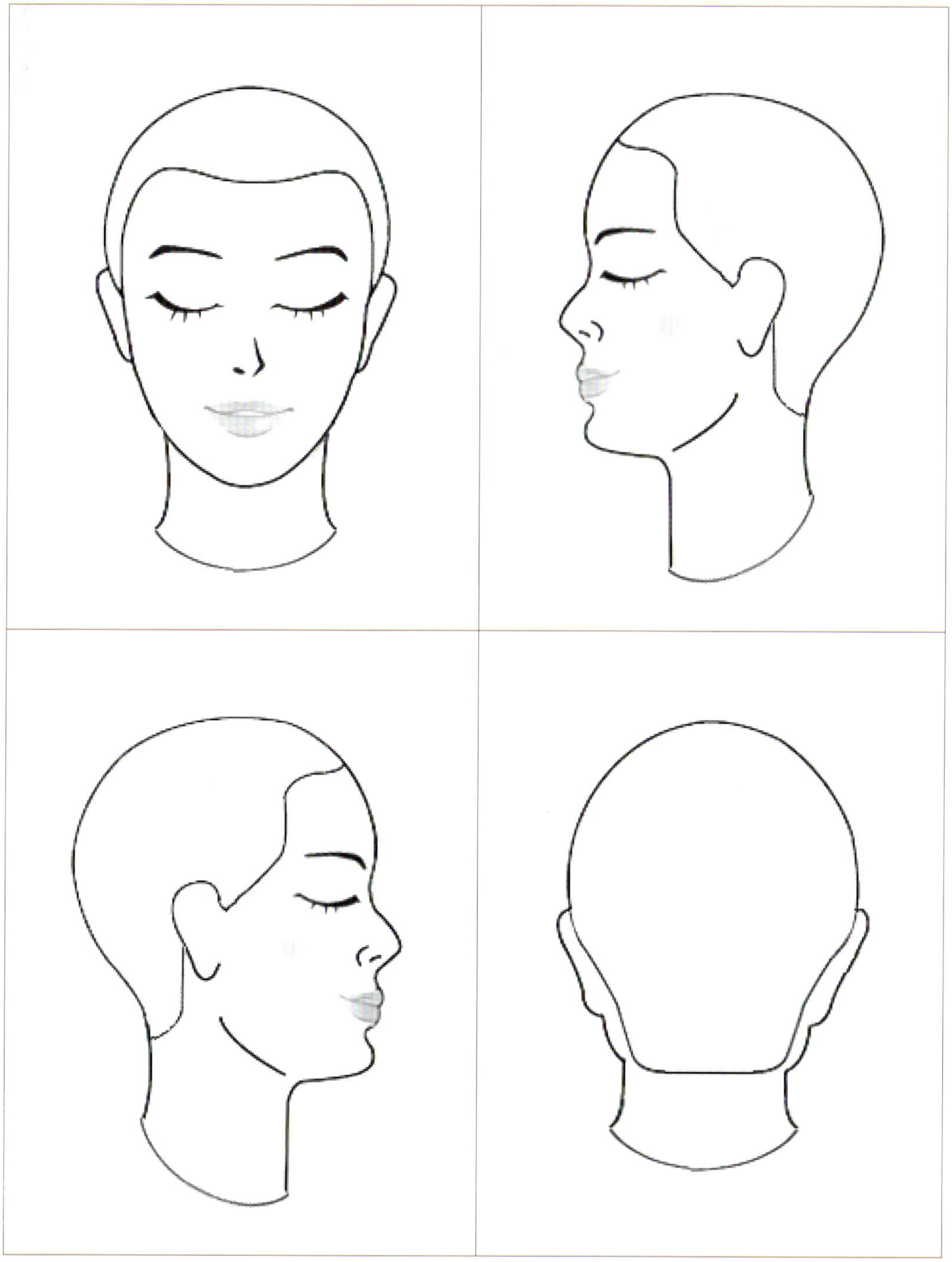

도해도

2. 트렌드 커트 2 시술 과정

실습 과정 사진		
사진		설명
		• • • • •
		• • • • •
		• • • • •
		• • • • •
		• • • • •

3. 트렌드 커트 2 완료 사진

앞(Front)	뒤(Back)
우측(Right Side)	좌측(Left Side)

단원 평가

트렌드 커트 2에 대한 장점과 단점, 그리고 느낀 점을 쓰시오.

[장 점]

[단 점]

[느낀 점]

참고자료(저자, 책명, 출판사, 출판년도)

Chapter 4

트렌드 커트 3

학습목표

작품명	

이미지 사진	시술 후 사진

모델 데이터		시술 개요
나이		• 파트(part) :
얼굴 형태		
외형적 특징	• 신장 :	
	• 체중 :	• 블로킹(Blocking) :
	• 목 길이 :	
	• 두상의 크기 :	• 슬라이스(Slice) 폭 :
	• 이미지 :	
모질 파악	• 모발의 굵기 :	• 베이스(Base) :
	• 모량 :	
	• 질감 :	• 시술각(Projection):
	• 모발의 형태 :	
	• 모류의 방향 :	• 섹션(Section) :
	• 가르마의 방향 :	• 분배(Distribution) :
	• 네이프 라인 형태 :	• 정중선 층의 높이 :
두상 분석	• 전두부 :	• 가이드라인(Guide Line) :
	• 후두부 :	• 질감(Texture) 처리 :
	• 측두부 :	

1. 트렌드 커트 3 도해도

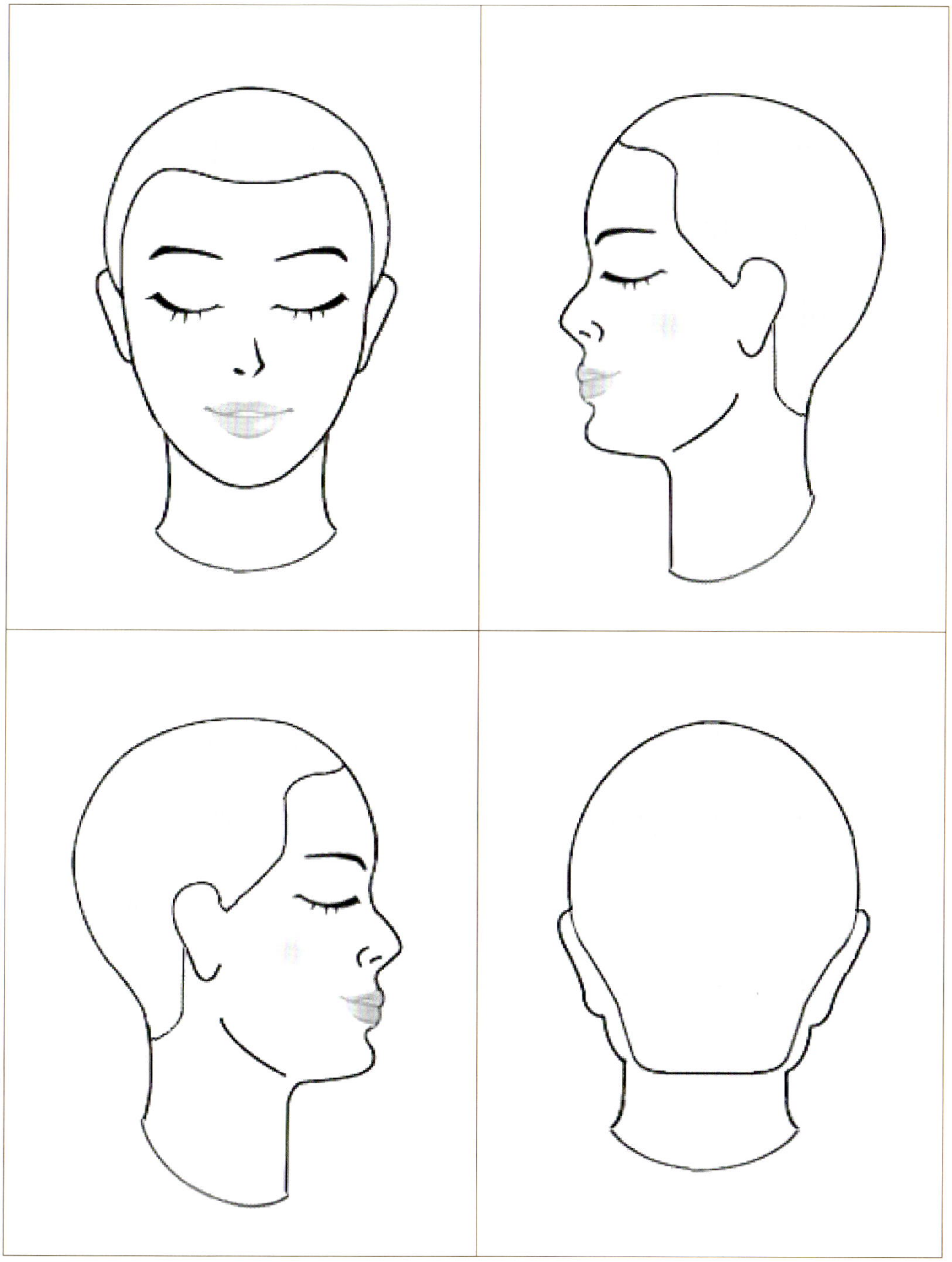

도해도

2. 트렌드 커트 3 시술 과정

<table>
<tr><th colspan="3">실습 과정 사진</th></tr>
<tr><th colspan="2">사진</th><th>설명</th></tr>
<tr><td></td><td></td><td>•
•
•
•
•</td></tr>
<tr><td></td><td></td><td>•
•
•
•
•</td></tr>
<tr><td></td><td></td><td>•
•
•
•
•</td></tr>
<tr><td></td><td></td><td>•
•
•
•
•</td></tr>
<tr><td></td><td></td><td>•
•
•
•
•</td></tr>
</table>

3. 트렌드 커트 3 완료 사진

앞(Front)	뒤(Back)
우측(Right Side)	좌측(Left Side)

단원 평가

트렌드 커트 3에 대한 장점과 단점, 그리고 느낀 점을 쓰시오.

[장 점]

[단 점]

[느낀 점]

참고자료(저자, 책명, 출판사, 출판년도)

Chapter 5

트렌드 커트 4

학습목표

작품명	

이미지 사진	시술 후 사진

모델 데이터		시술 개요
나이		• 파트(part) :
얼굴 형태		
외형적 특징	• 신장 : • 체중 : • 목 길이 : • 두상의 크기 : • 이미지 :	• 블로킹(Blocking) : • 슬라이스(Slice) 폭 : • 베이스(Base) :
모질 파악	• 모발의 굵기 : • 모량 : • 질감 : • 모발의 형태 : • 모류의 방향 : • 가르마의 방향 : • 네이프 라인 형태 :	• 시술각(Projection): • 섹션(Section) : • 분배(Distribution) : • 정중선 층의 높이 :
두상 분석	• 전두부 : • 후두부 : • 측두부 :	• 가이드라인(Guide Line) : • 질감(Texture) 처리 :

1. 트렌드 커트 4 도해도

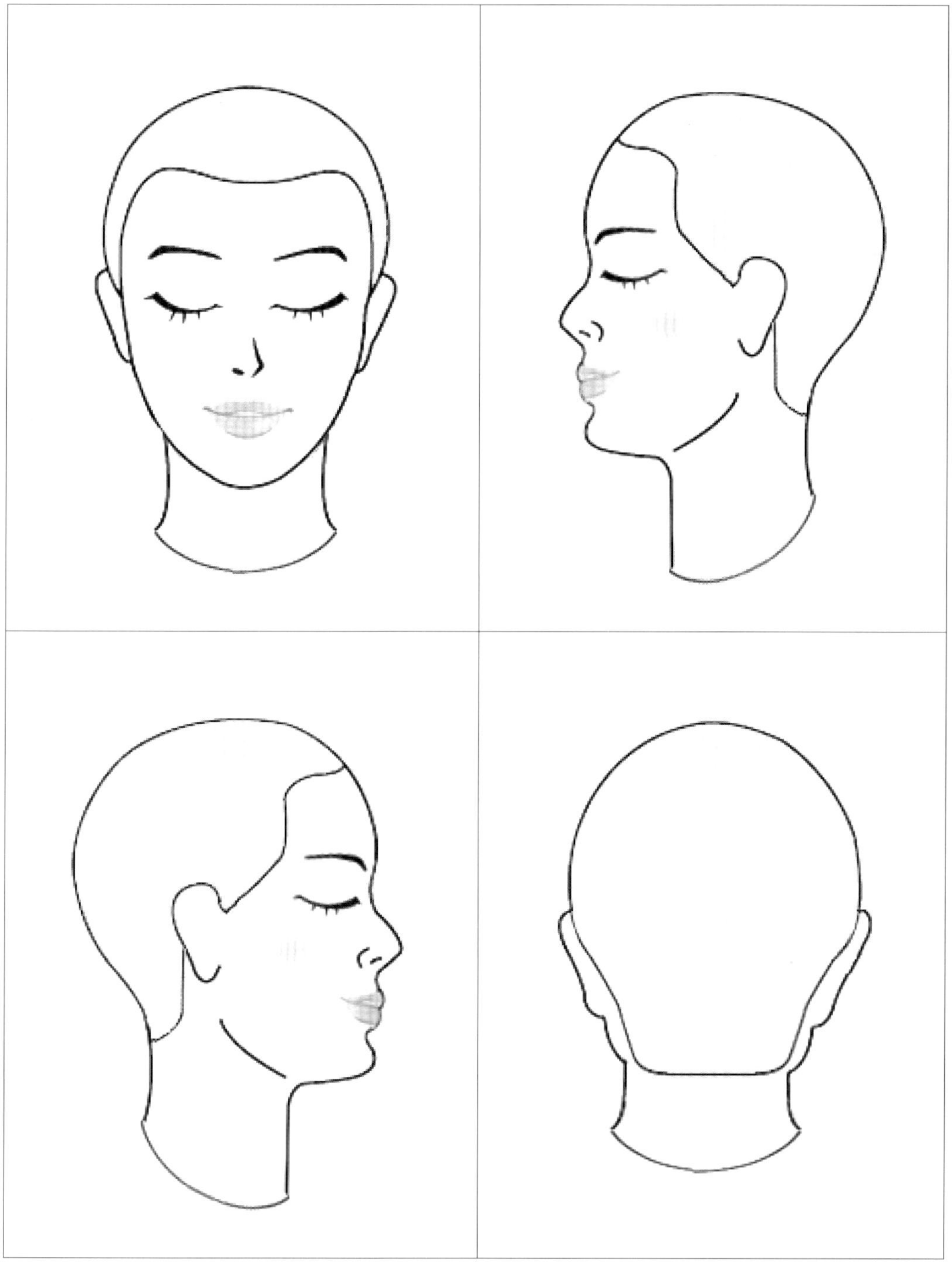

도해도

2. 트렌드 커트 4 시술 과정

실습 과정 사진		
사진		설명
		• • • • •
		• • • • •
		• • • • •
		• • • • •
		• • • • •

3. 트렌드 커트 4 완료 사진

앞(Front)	뒤(Back)
우측(Right Side)	좌측(Left Side)

단원 평가

트렌드 커트 4에 대한 장점과 단점, 그리고 느낀 점을 쓰시오.

[장 점]

[단 점]

[느낀 점]

참고자료(저자, 책명, 출판사, 출판년도)

Chapter 6

트렌드 커트 5

학습목표

작품명	

이미지 사진	시술 후 사진

모델 데이터	
나이	
얼굴 형태	
외형적 특징	• 신장 : • 체중 : • 목 길이 : • 두상의 크기 : • 이미지 :
모질 파악	• 모발의 굵기 : • 모량 : • 질감 : • 모발의 형태 : • 모류의 방향 : • 가르마의 방향 : • 네이프 라인 형태 :
두상 분석	• 전두부 : • 후두부 : • 측두부 :

시술 개요
• 파트(part) :
• 블로킹(Blocking) :
• 슬라이스(Slice) 폭 :
• 베이스(Base) :
• 시술각(Projection):
• 섹션(Section) :
• 분배(Distribution) :
• 정중선 층의 높이 :
• 가이드라인(Guide Line) :
• 질감(Texture) 처리 :

1. 트렌드 커트 5 도해도

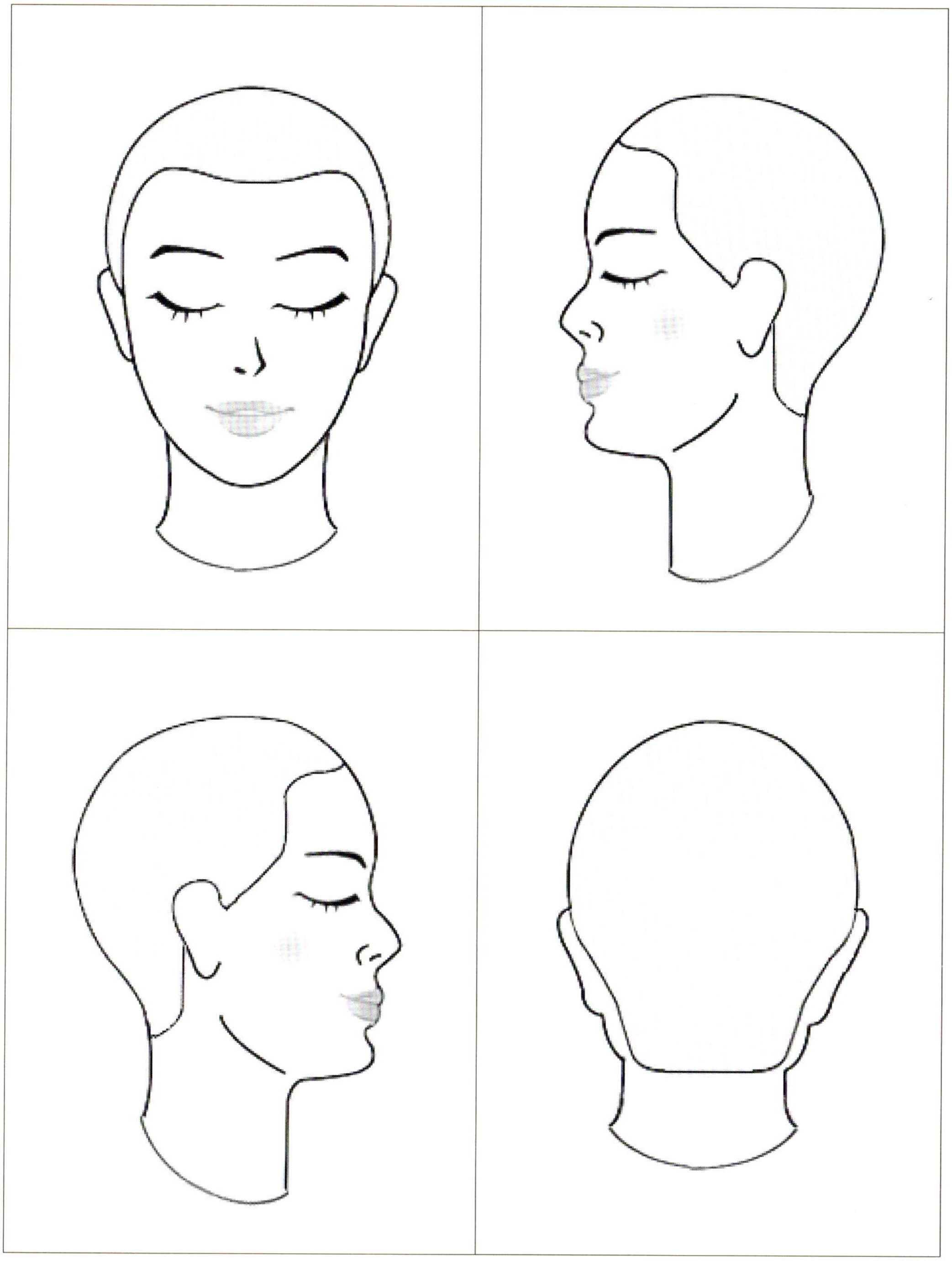

도해도

2. 트렌드 커트 5 시술 과정

실습 과정 사진		
사진		설명
		• • • • •
		• • • • •
		• • • • •
		• • • • •
		• • • • •

3. 트렌드 커트 5 완료 사진

앞(Front)	뒤(Back)
우측(Right Side)	좌측(Left Side)

단원 평가

트렌드 커트 5에 대한 장점과 단점, 그리고 느낀 점을 쓰시오.

[장 점]

[단 점]

[느낀 점]

참고자료(저자, 책명, 출판사, 출판년도)

Chapter 7

트렌드 커트 6

학습목표

작품명	

이미지 사진	시술 후 사진

모델 데이터		시술 개요
나이		• 파트(part) :
얼굴 형태		• 블로킹(Blocking) :
외형적 특징	• 신장 :	• 슬라이스(Slice) 폭 :
	• 체중 :	• 베이스(Base) :
	• 목 길이 :	• 시술각(Projection):
	• 두상의 크기 :	• 섹션(Section) :
	• 이미지 :	• 분배(Distribution) :
모질 파악	• 모발의 굵기 :	• 정중선 층의 높이 :
	• 모량 :	• 가이드라인(Guide Line) :
	• 질감 :	• 질감(Texture) 처리 :
	• 모발의 형태 :	
	• 모류의 방향 :	
	• 가르마의 방향 :	
	• 네이프 라인 형태 :	
두상 분석	• 전두부 :	
	• 후두부 :	
	• 측두부 :	

1. 트렌드 커트 6 도해도

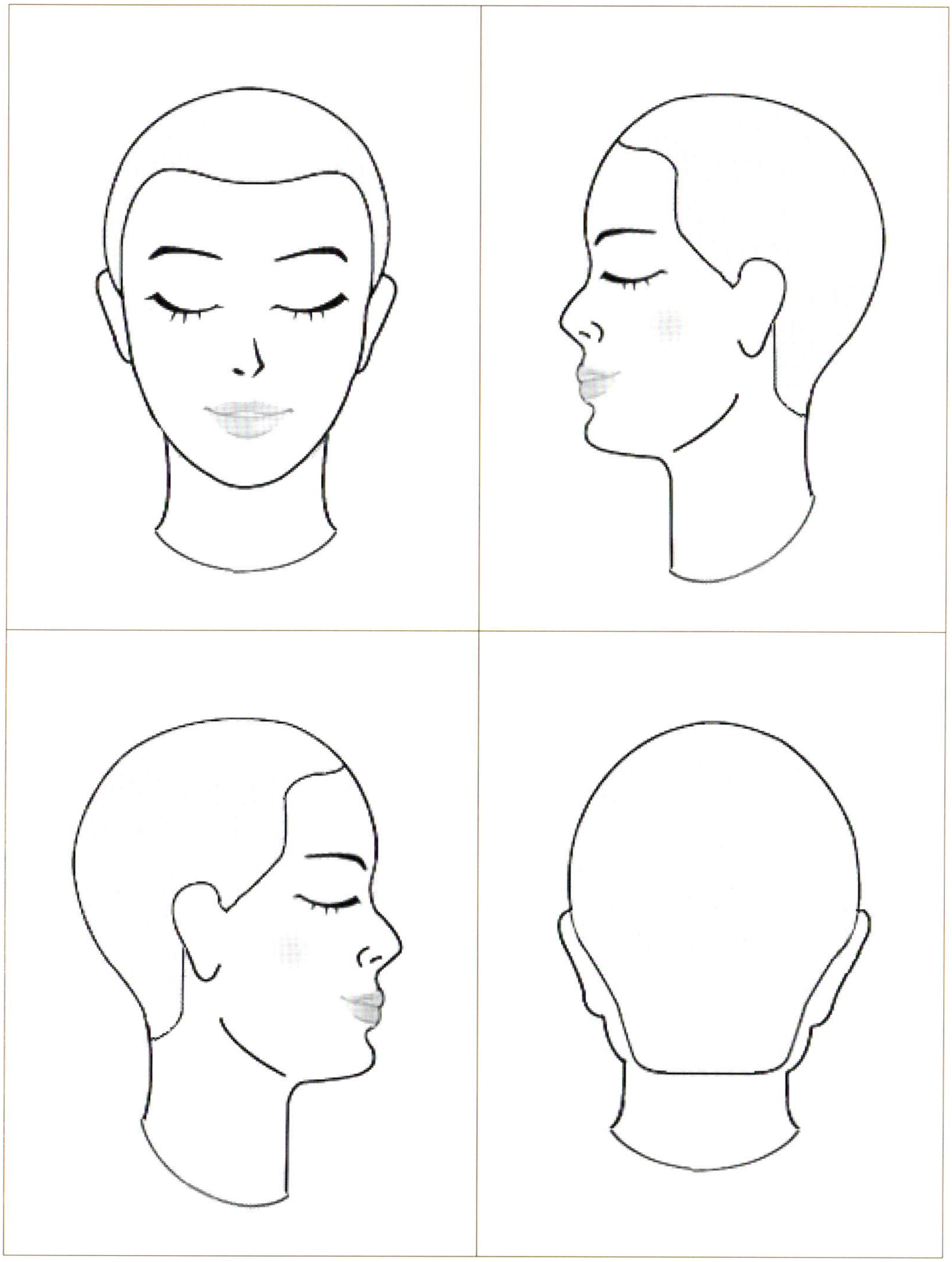

도해도

2. 트렌드 커트 6 시술 과정

실습 과정 사진		
사진		설명
		• • • • •
		• • • • •
		• • • • •
		• • • • •
		• • • • •

3. 트렌드 커트 6 완료 사진

앞(Front)	뒤(Back)
우측(Right Side)	좌측(Left Side)

단원 평가

트렌드 커트 6에 대한 장점과 단점, 그리고 느낀 점을 쓰시오.

[장 점]

[단 점]

[느낀 점]

참고자료(저자, 책명, 출판사, 출판년도)

Chapter 8

트렌드 커트 7

학습목표

작품명	

이미지 사진	시술 후 사진

<table>
<tr><th colspan="2">모델 데이터</th><th>시술 개요</th></tr>
<tr><td>나이</td><td></td><td rowspan="2">• 파트(part) :</td></tr>
<tr><td>얼굴 형태</td><td></td></tr>
<tr><td>외형적 특징</td><td>• 신장 :
• 체중 :
• 목 길이 :
• 두상의 크기 :
• 이미지 :</td><td>• 블로킹(Blocking) :
• 슬라이스(Slice) 폭 :</td></tr>
<tr><td>모질 파악</td><td>• 모발의 굵기 :
• 모량 :
• 질감 :
• 모발의 형태 :
• 모류의 방향 :
• 가르마의 방향 :
• 네이프 라인 형태 :</td><td>• 베이스(Base) :
• 시술각(Projection):
• 섹션(Section) :
• 분배(Distribution) :
• 정중선 층의 높이 :</td></tr>
<tr><td>두상 분석</td><td>• 전두부 :
• 후두부 :
• 측두부 :</td><td>• 가이드라인(Guide Line) :
• 질감(Texture) 처리 :</td></tr>
</table>

1. 트렌드 커트 7 도해도

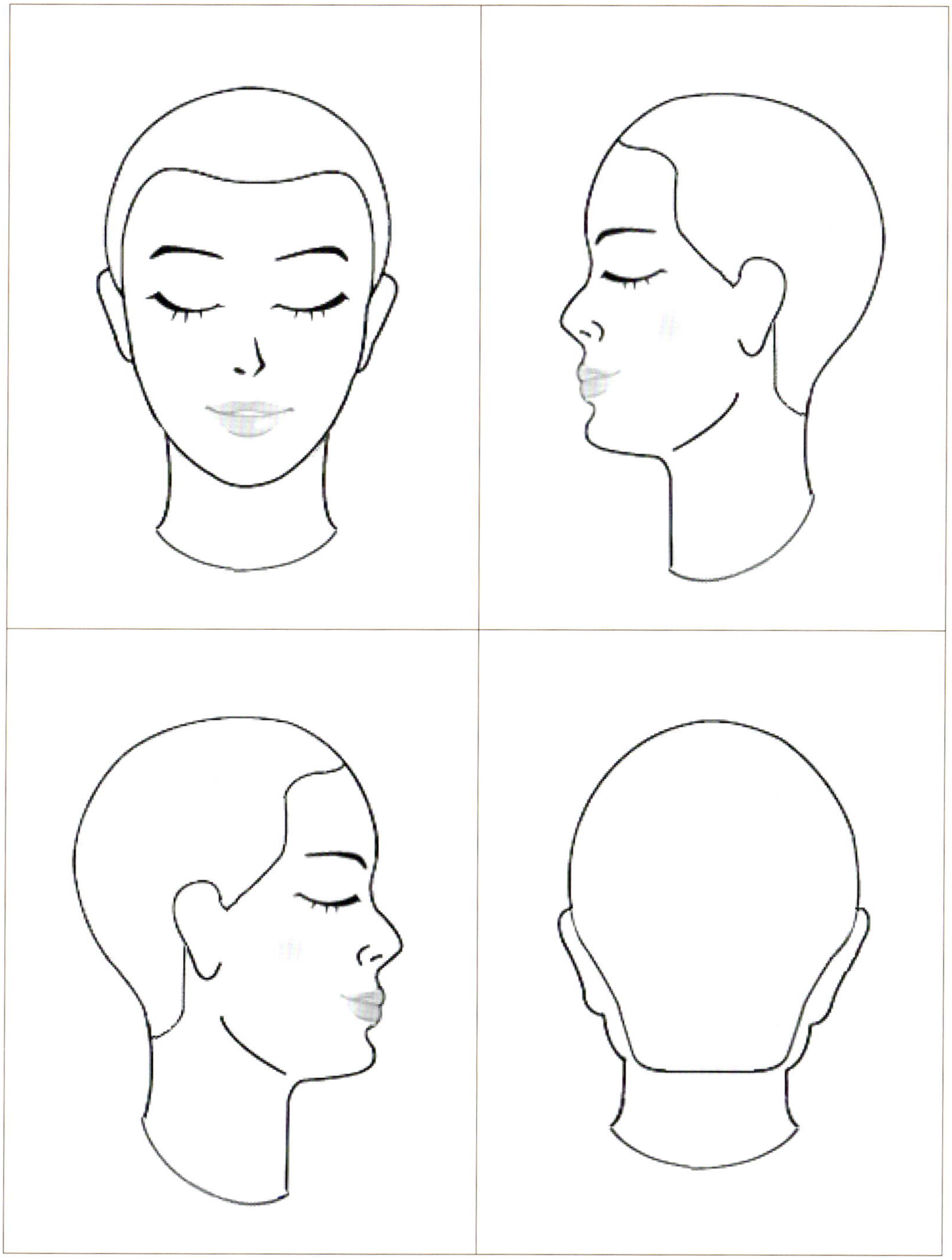

도해도

2. 트렌드 커트 7 시술 과정

실습 과정 사진		
사진		설명
		• • • • •
		• • • • •
		• • • • •
		• • • • •
		• • • • •

3. 트렌드 커트 7 완료 사진

앞(Front)	뒤(Back)
우측(Right Side)	좌측(Left Side)

단원 평가

트렌드 커트 7에 대한 장점과 단점, 그리고 느낀 점을 쓰시오.

[장 점]

[단 점]

[느낀 점]

참고자료(저자, 책명, 출판사, 출판년도)

Chapter 9

트렌드 커트 8

학습목표

작품명	

이미지 사진	시술 후 사진

모델 데이터		시술 개요
나이		• 파트(part) :
얼굴 형태		
외형적 특징	• 신장 : • 체중 : • 목 길이 : • 두상의 크기 : • 이미지 :	• 블로킹(Blocking) : • 슬라이스(Slice) 폭 :
모질 파악	• 모발의 굵기 : • 모량 : • 질감 : • 모발의 형태 : • 모류의 방향 : • 가르마의 방향 : • 네이프 라인 형태 :	• 베이스(Base) : • 시술각(Projection): • 섹션(Section) : • 분배(Distribution) : • 정중선 층의 높이 :
두상 분석	• 전두부 : • 후두부 : • 측두부 :	• 가이드라인(Guide Line) : • 질감(Texture) 처리 :

1. 트렌드 커트 8 도해도

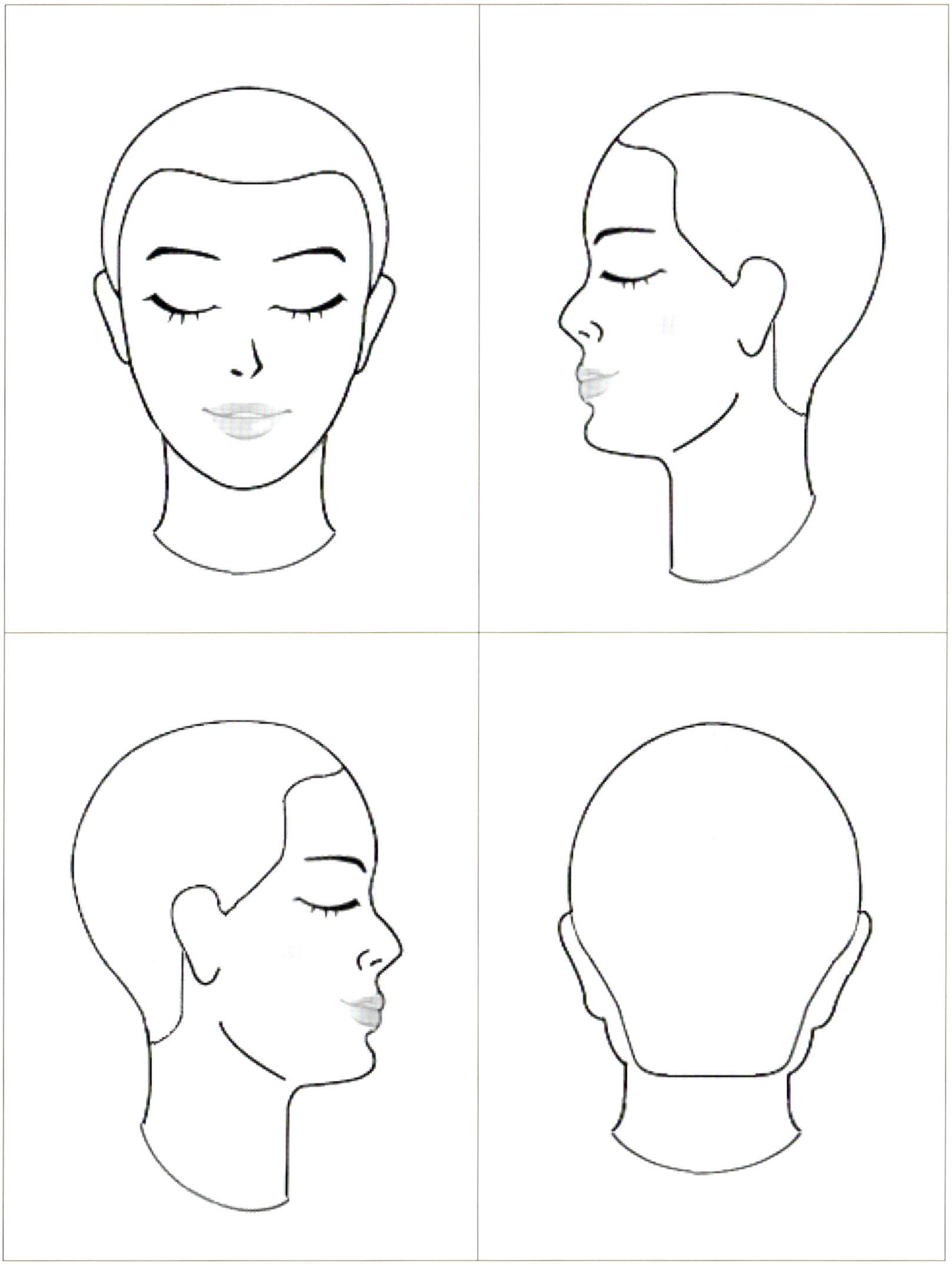

도해도

2. 트렌드 커트 8 시술 과정

실습 과정 사진		
사진		설명
		• • • • •
		• • • • •
		• • • • •
		• • • • •
		• • • • •

3. 트렌드 커트 8 완료 사진

앞(Front)	뒤(Back)
우측(Right Side)	좌측(Left Side)

단원 평가

트렌드 커트 8에 대한 장점과 단점, 그리고 느낀 점을 쓰시오.

[장 점]

[단 점]

[느낀 점]

참고자료(저자, 책명, 출판사, 출판년도)

Chapter 10

트렌드 커트 9

학습목표

작품명	

이미지 사진	시술 후 사진

모델 데이터	
나이	
얼굴 형태	
외형적 특징	• 신장 : • 체중 : • 목 길이 : • 두상의 크기 : • 이미지 :
모질 파악	• 모발의 굵기 : • 모량 : • 질감 : • 모발의 형태 : • 모류의 방향 : • 가르마의 방향 : • 네이프 라인 형태 :
두상 분석	• 전두부 : • 후두부 : • 측두부 :

시술 개요
• 파트(part) :
• 블로킹(Blocking) :
• 슬라이스(Slice) 폭 :
• 베이스(Base) :
• 시술각(Projection):
• 섹션(Section) :
• 분배(Distribution) :
• 정중선 층의 높이 :
• 가이드라인(Guide Line) :
• 질감(Texture) 처리 :

1. 트렌드 커트 9 도해도

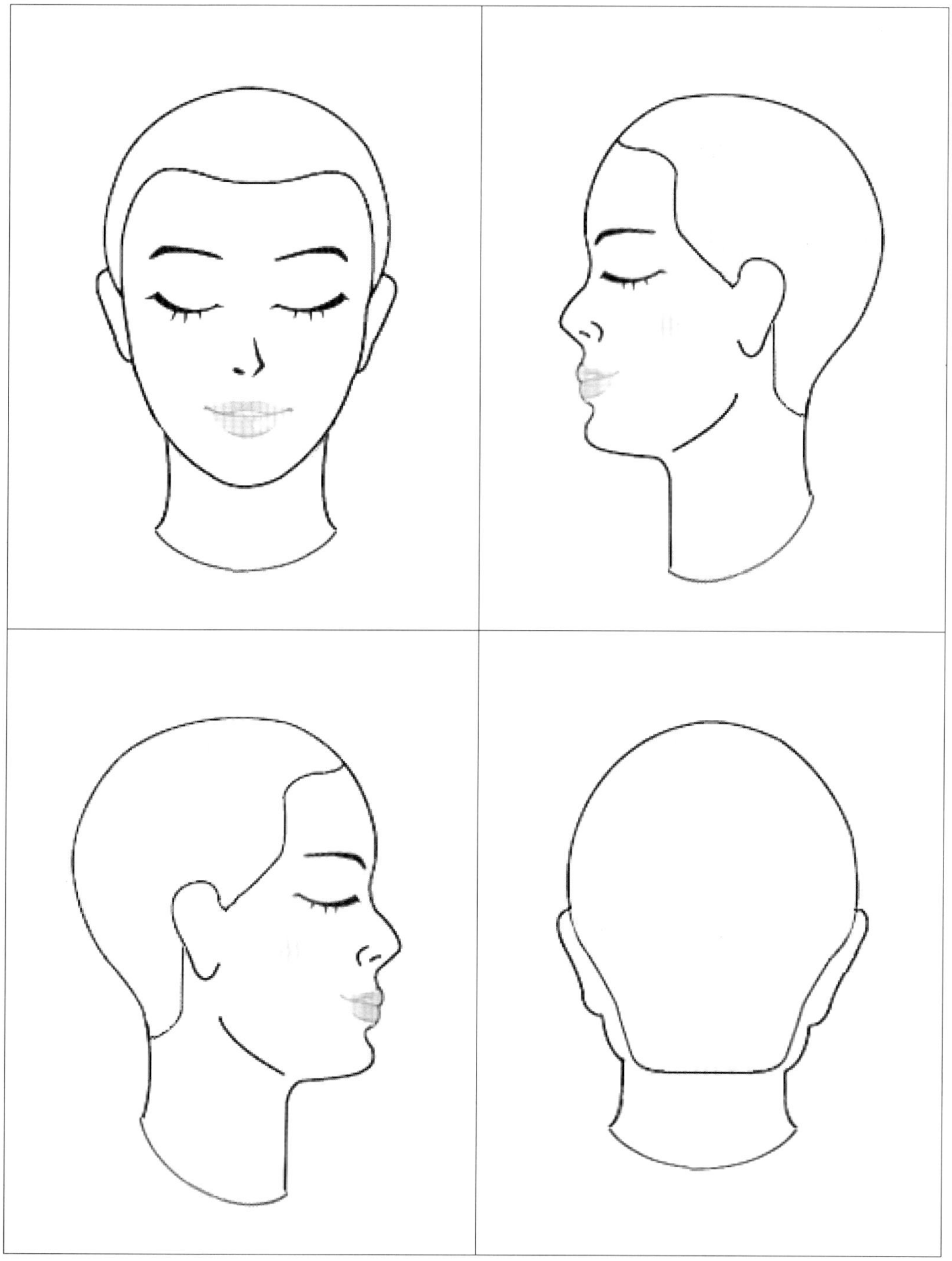

도해도

2. 트렌드 커트 9 시술 과정

실습 과정 사진		
사진		설명
		• • • • •
		• • • • •
		• • • • •
		• • • • •
		• • • • •

3. 트렌드 커트 9 완료 사진

앞(Front)	뒤(Back)
우측(Right Side)	좌측(Left Side)

단원 평가

트렌드 커트 9에 대한 장점과 단점, 그리고 느낀 점을 쓰시오.

[장 점]

[단 점]

[느낀 점]

참고자료(저자, 책명, 출판사, 출판년도)

Chapter 11

트렌드 커트 10

학습목표

작품명	

이미지 사진	시술 후 사진

<table>
<tr><th colspan="2">모델 데이터</th><th>시술 개요</th></tr>
<tr><td>나이</td><td></td><td rowspan="2">• 파트(part) :</td></tr>
<tr><td>얼굴 형태</td><td></td></tr>
<tr><td rowspan="5">외형적 특징</td><td>• 신장 :</td><td rowspan="2">• 블로킹(Blocking) :</td></tr>
<tr><td>• 체중 :</td></tr>
<tr><td>• 목 길이 :</td><td rowspan="2">• 슬라이스(Slice) 폭 :</td></tr>
<tr><td>• 두상의 크기 :</td></tr>
<tr><td>• 이미지 :</td><td>• 베이스(Base) :</td></tr>
<tr><td rowspan="7">모질 파악</td><td>• 모발의 굵기 :</td><td rowspan="2">• 시술각(Projection):</td></tr>
<tr><td>• 모량 :</td></tr>
<tr><td>• 질감 :</td><td>• 섹션(Section) :</td></tr>
<tr><td>• 모발의 형태 :</td><td rowspan="2">• 분배(Distribution) :</td></tr>
<tr><td>• 모류의 방향 :</td></tr>
<tr><td>• 가르마의 방향 :</td><td rowspan="2">• 정중선 층의 높이 :</td></tr>
<tr><td>• 네이프 라인 형태 :</td></tr>
<tr><td rowspan="3">두상 분석</td><td>• 전두부 :</td><td>• 가이드라인(Guide Line) :</td></tr>
<tr><td>• 후두부 :</td><td rowspan="2">• 질감(Texture) 처리 :</td></tr>
<tr><td>• 측두부 :</td></tr>
</table>

1. 트렌드 커트 10 도해도

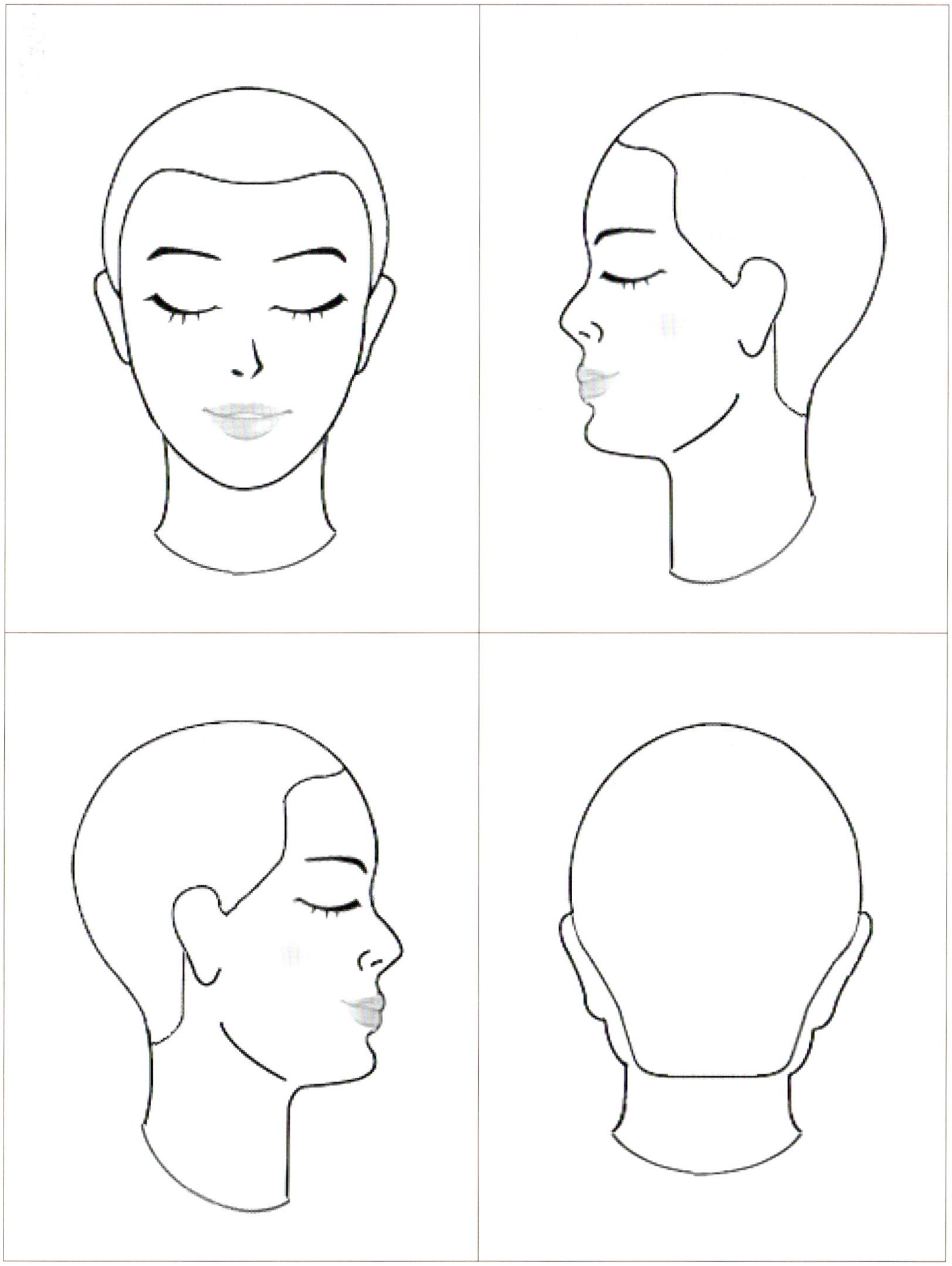

도해도

2. 트렌드 커트 10 시술 과정

실습 과정 사진		
사진		설명
		• • • • •
		• • • • •
		• • • • •
		• • • • •
		• • • • •

3. 트렌드 커트 10 완료 사진

앞(Front)	뒤(Back)
우측(Right Side)	좌측(Left Side)

단원 평가

트렌드 커트 10에 대한 장점과 단점, 그리고 느낀 점을 쓰시오.

[장 점]

[단 점]

[느낀 점]

참고자료(저자, 책명, 출판사, 출판년도)

Chapter 12

트렌드 커트 11

학습목표

작품명	

이미지 사진	시술 후 사진

모델 데이터		시술 개요
나이		• 파트(part) :
얼굴 형태		• 블로킹(Blocking) :
외형적 특징	• 신장 :	• 슬라이스(Slice) 폭 :
	• 체중 :	• 베이스(Base) :
	• 목 길이 :	• 시술각(Projection):
	• 두상의 크기 :	• 섹션(Section) :
	• 이미지 :	• 분배(Distribution) :
모질 파악	• 모발의 굵기 :	• 정중선 층의 높이 :
	• 모량 :	• 가이드라인(Guide Line) :
	• 질감 :	• 질감(Texture) 처리 :
	• 모발의 형태 :	
	• 모류의 방향 :	
	• 가르마의 방향 :	
	• 네이프 라인 형태 :	
두상 분석	• 전두부 :	
	• 후두부 :	
	• 측두부 :	

1. 트렌드 커트 11 도해도

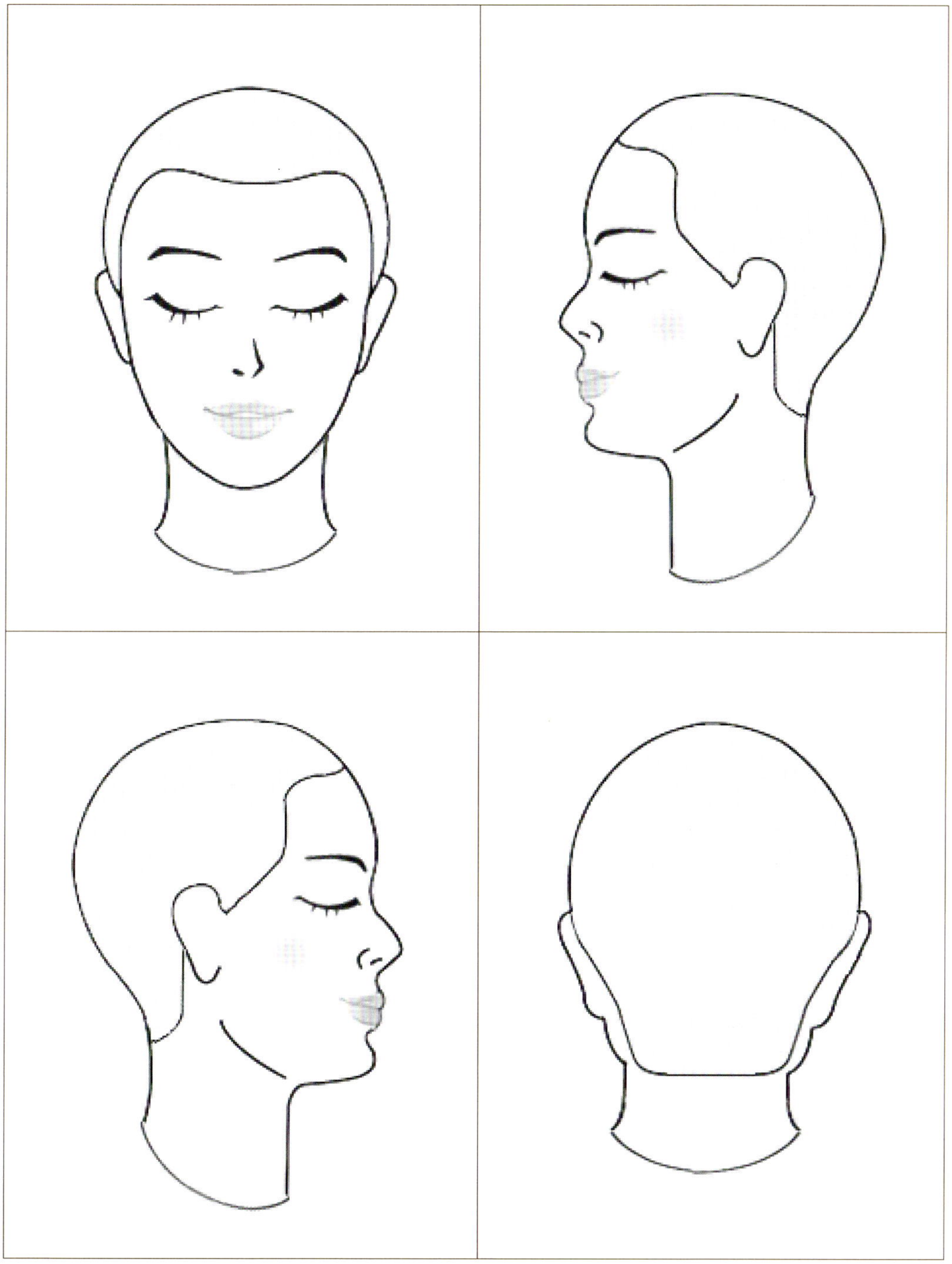

도해도

2. 트렌드 커트 11 시술 과정

실습 과정 사진		
사진		설명
		• • • • •
		• • • • •
		• • • • •
		• • • • •
		• • • • •

3. 트렌드 커트 11 완료 사진

앞(Front)	뒤(Back)
우측(Right Side)	좌측(Left Side)

단원 평가

트렌드 커트 11에 대한 장점과 단점, 그리고 느낀 점을 쓰시오.

[장 점]

[단 점]

[느낀 점]

참고자료(저자, 책명, 출판사, 출판년도)

Chapter 13

트렌드 커트 12

학습목표

작품명	

이미지 사진	시술 후 사진

모델 데이터	
나이	
얼굴 형태	
외형적 특징	• 신장 : • 체중 : • 목 길이 : • 두상의 크기 : • 이미지 :
모질 파악	• 모발의 굵기 : • 모량 : • 질감 : • 모발의 형태 : • 모류의 방향 : • 가르마의 방향 : • 네이프 라인 형태 :
두상 분석	• 전두부 : • 후두부 : • 측두부 :

시술 개요
• 파트(part) :
• 블로킹(Blocking) :
• 슬라이스(Slice) 폭 :
• 베이스(Base) :
• 시술각(Projection):
• 섹션(Section) :
• 분배(Distribution) :
• 정중선 층의 높이 :
• 가이드라인(Guide Line) :
• 질감(Texture) 처리 :

1. 트렌드 커트 12 도해도

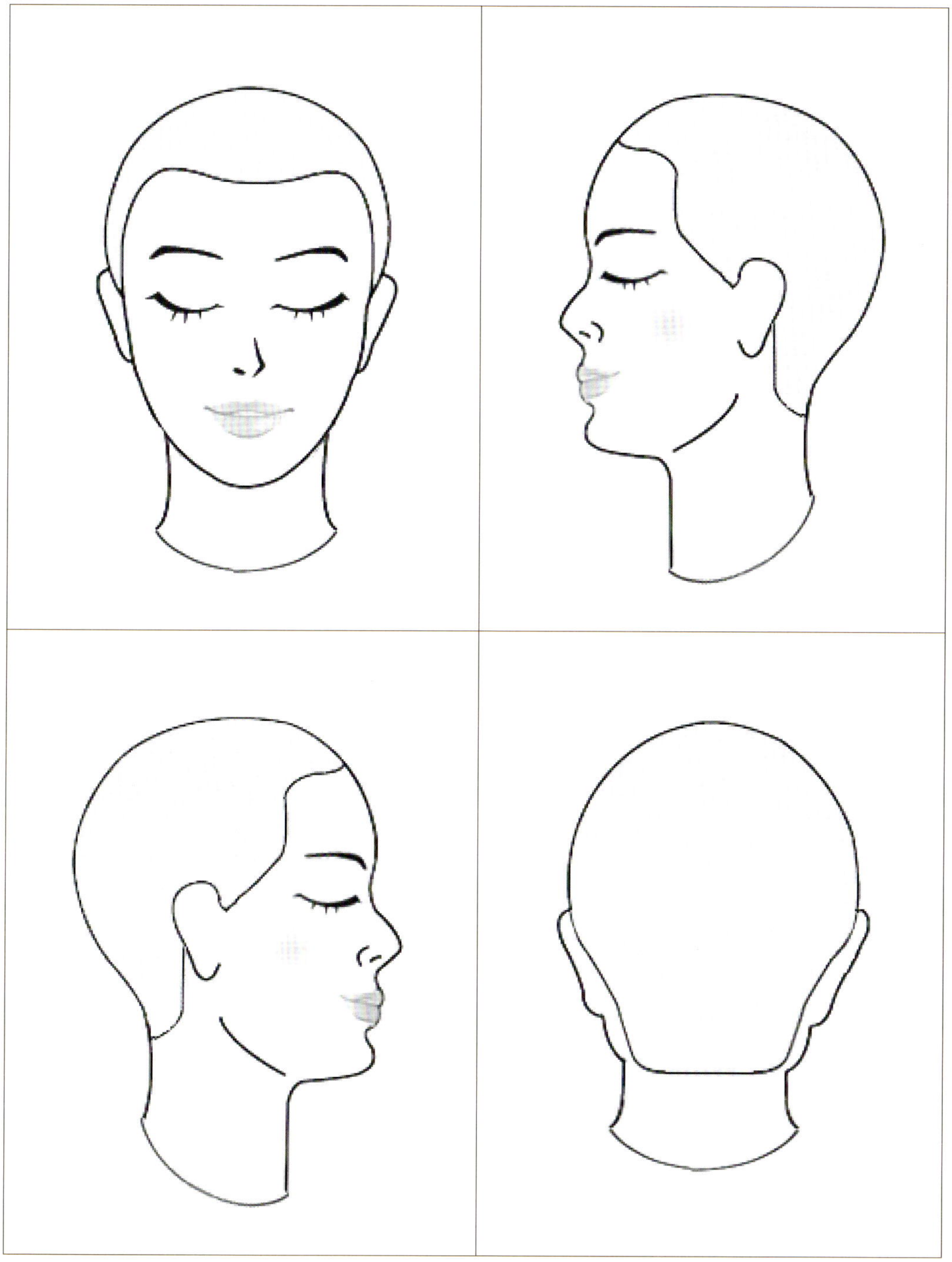

도해도

2. 트렌드 커트 12 시술 과정

실습 과정 사진		
사진		설명
		• • • • •
		• • • • •
		• • • • •
		• • • • •
		• • • • •

3. 트렌드 커트 12 완료 사진

앞(Front)	뒤(Back)
우측(Right Side)	좌측(Left Side)

단원 평가

트렌드 커트 12에 대한 장점과 단점, 그리고 느낀 점을 쓰시오.

[장 점]

[단 점]

[느낀 점]

참고자료(저자, 책명, 출판사, 출판년도)

Chapter 14

트렌드 커트 13

학습목표

작품명	

이미지 사진	시술 후 사진

모델 데이터	
나이	
얼굴 형태	
외형적 특징	• 신장 : • 체중 : • 목 길이 : • 두상의 크기 : • 이미지 :
모질 파악	• 모발의 굵기 : • 모량 : • 질감 : • 모발의 형태 : • 모류의 방향 : • 가르마의 방향 : • 네이프 라인 형태 :
두상 분석	• 전두부 : • 후두부 : • 측두부 :

시술 개요
• 파트(part) :
• 블로킹(Blocking) :
• 슬라이스(Slice) 폭 :
• 베이스(Base) :
• 시술각(Projection):
• 섹션(Section) :
• 분배(Distribution) :
• 정중선 층의 높이 :
• 가이드라인(Guide Line) :
• 질감(Texture) 처리 :

1. 트렌드 커트 13 도해도

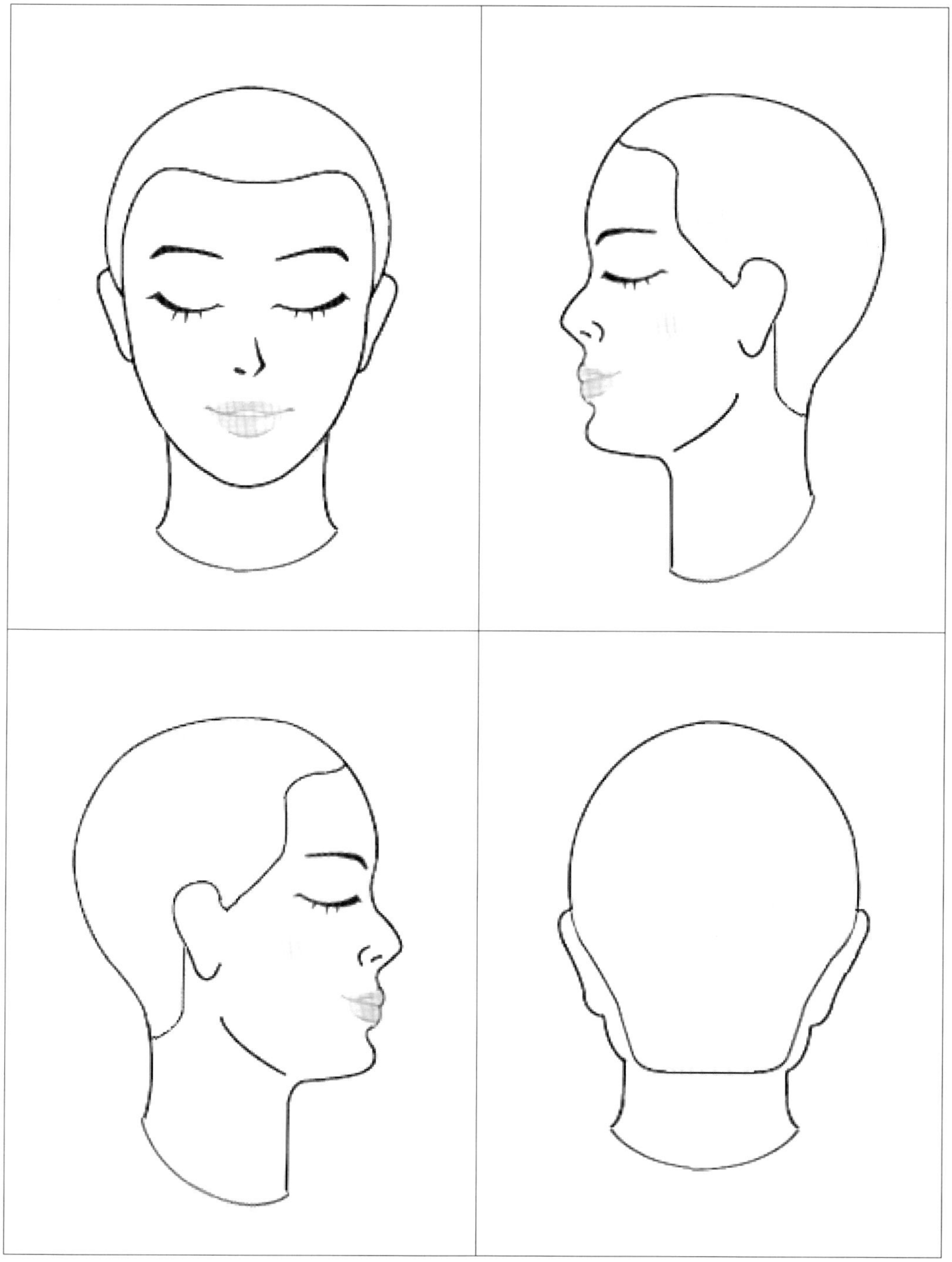

도해도

2. 트렌드 커트 13 시술 과정

실습 과정 사진		
사진		설명
		• • • • •
		• • • • •
		• • • • •
		• • • • •
		• • • • •

3. 트렌드 커트 13 완료 사진

앞(Front)	뒤(Back)
우측(Right Side)	좌측(Left Side)

단원 평가

트렌드 커트 13에 대한 장점과 단점, 그리고 느낀 점을 쓰시오.

[장 점]

[단 점]

[느낀 점]

참고자료(저자, 책명, 출판사, 출판년도)

Chapter 15

트렌드 커트 14

학습목표

작품명	

이미지 사진	시술 후 사진

모델 데이터		시술 개요
나이		• 파트(part) :
얼굴 형태		
외형적 특징	• 신장 : • 체중 : • 목 길이 : • 두상의 크기 : • 이미지 :	• 블로킹(Blocking) : • 슬라이스(Slice) 폭 :
모질 파악	• 모발의 굵기 : • 모량 : • 질감 : • 모발의 형태 : • 모류의 방향 : • 가르마의 방향 : • 네이프 라인 형태 :	• 베이스(Base) : • 시술각(Projection): • 섹션(Section) : • 분배(Distribution) : • 정중선 층의 높이 :
두상 분석	• 전두부 : • 후두부 : • 측두부 :	• 가이드라인(Guide Line) : • 질감(Texture) 처리 :

1. 트렌드 커트 14 도해도

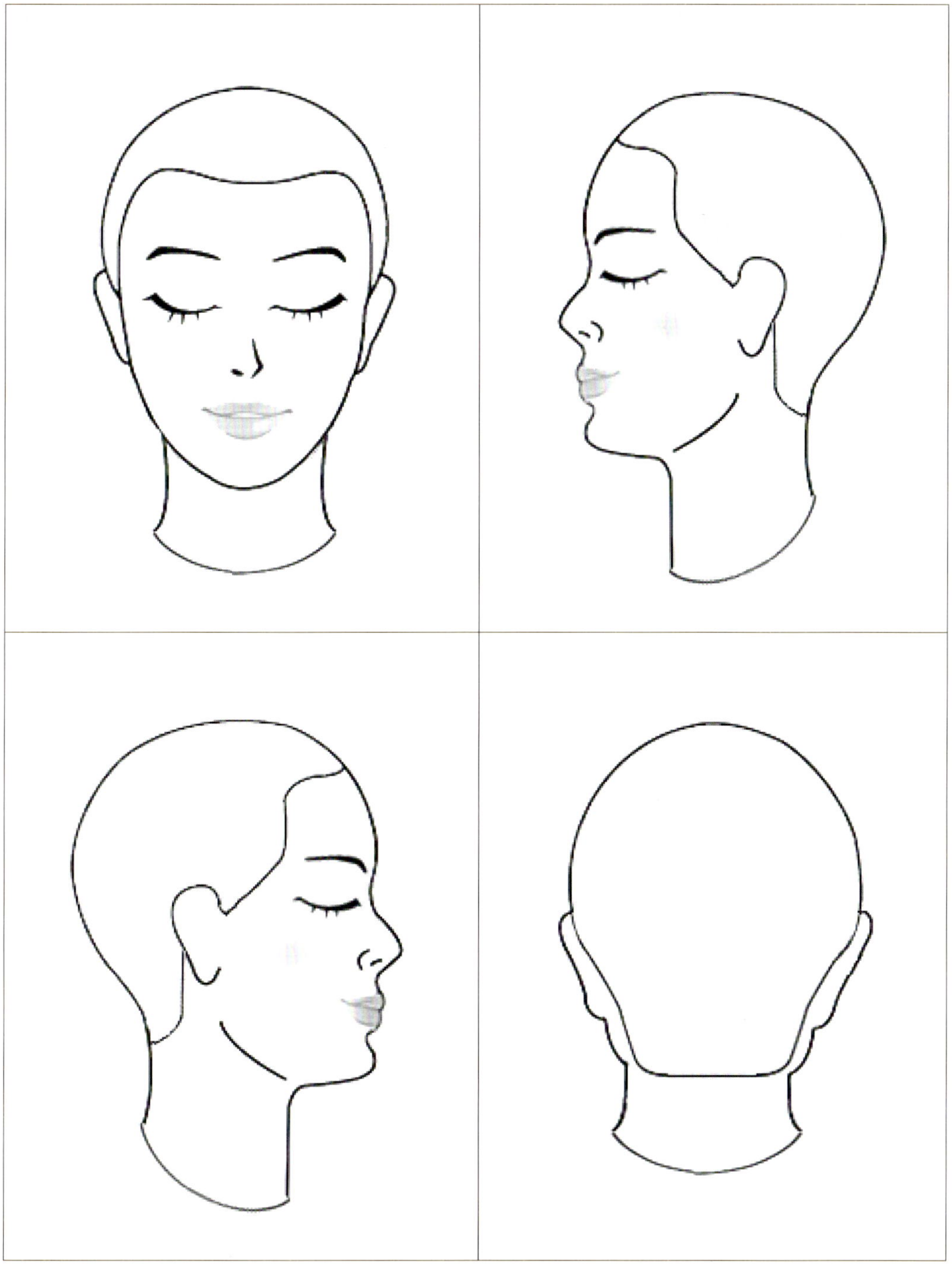

도해도

2. 트렌드 커트 14 시술 과정

<table>
<tr><th colspan="3">실습 과정 사진</th></tr>
<tr><th colspan="2">사진</th><th>설명</th></tr>
<tr><td></td><td></td><td>•
•
•
•
•</td></tr>
<tr><td></td><td></td><td>•
•
•
•
•</td></tr>
<tr><td></td><td></td><td>•
•
•
•
•</td></tr>
<tr><td></td><td></td><td>•
•
•
•
•</td></tr>
<tr><td></td><td></td><td>•
•
•
•
•</td></tr>
</table>

3. 트렌드 커트 14 완료 사진

앞(Front)	뒤(Back)
우측(Right Side)	좌측(Left Side)

단원 평가

트렌드 커트 14에 대한 장점과 단점, 그리고 느낀 점을 쓰시오.

[장 점]

[단 점]

[느낀 점]

참고자료(저자, 책명, 출판사, 출판년도)

Chapter 16

트렌드 커트 15

학습목표

작품명	

이미지 사진	시술 후 사진

모델 데이터		시술 개요
나이		• 파트(part) :
얼굴 형태		• 블로킹(Blocking) :
외형적 특징	• 신장 :	• 슬라이스(Slice) 폭 :
	• 체중 :	• 베이스(Base) :
	• 목 길이 :	• 시술각(Projection):
	• 두상의 크기 :	• 섹션(Section) :
	• 이미지 :	• 분배(Distribution) :
모질 파악	• 모발의 굵기 :	• 정중선 층의 높이 :
	• 모량 :	• 가이드라인(Guide Line) :
	• 질감 :	• 질감(Texture) 처리 :
	• 모발의 형태 :	
	• 모류의 방향 :	
	• 가르마의 방향 :	
	• 네이프 라인 형태 :	
두상 분석	• 전두부 :	
	• 후두부 :	
	• 측두부 :	

1. 트렌드 커트 15 도해도

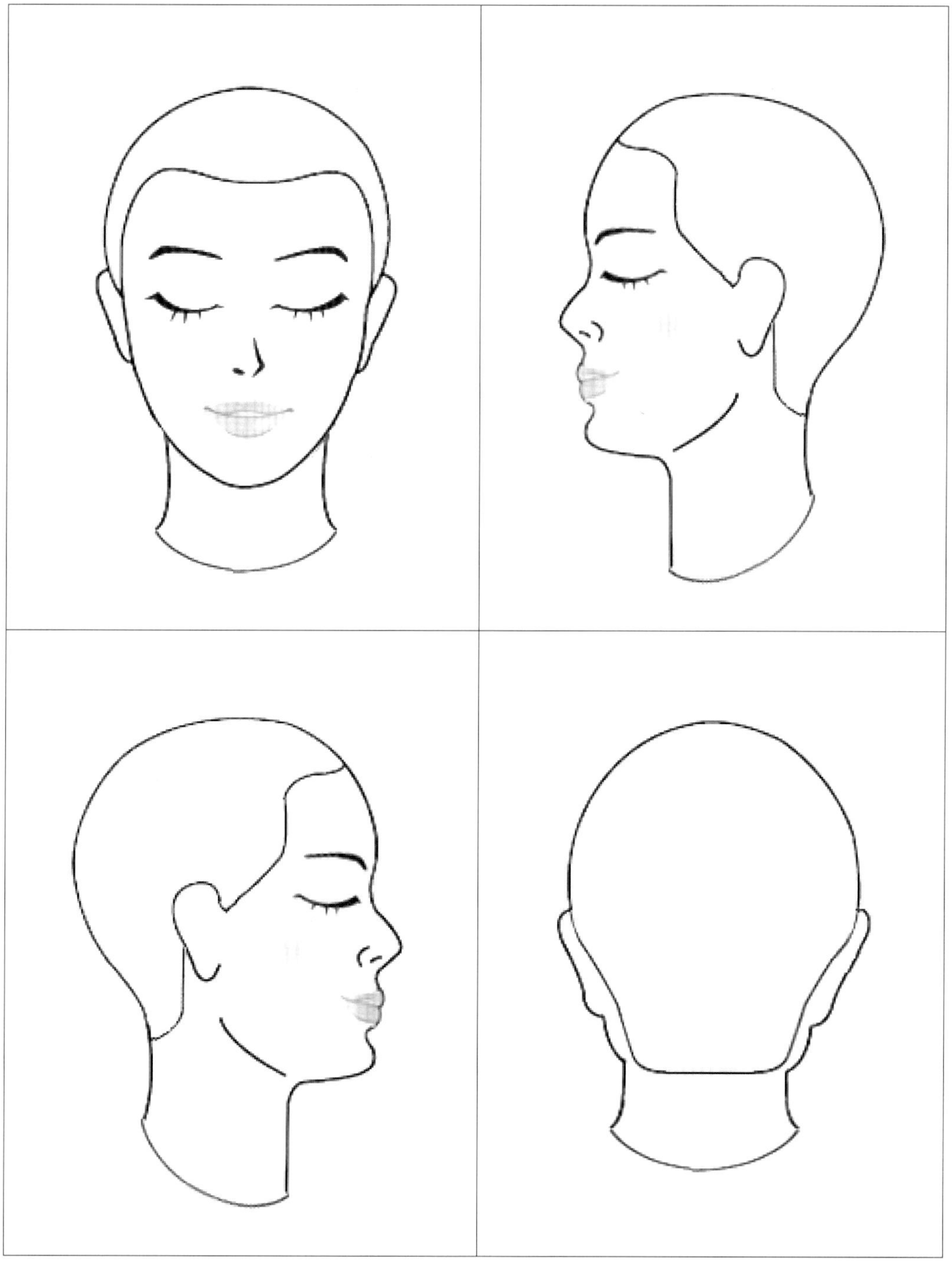

도해도

2. 트렌드 커트 15 시술 과정

실습 과정 사진		
사진		설명
		• • • • •
		• • • • •
		• • • • •
		• • • • •
		• • • • •

3. 트렌드 커트 15 완료 사진

앞(Front)	뒤(Back)
우측(Right Side)	좌측(Left Side)

단원 평가

트렌드 커트 15에 대한 장점과 단점, 그리고 느낀 점을 쓰시오.

[장 점]

[단 점]

[느낀 점]

참고자료(저자, 책명, 출판사, 출판년도)

개인정보 수집 및 사진 이용 동의서

본인은
대학교 헤어 미용과 교재로 사용될『Hair Cutting Work book』에 사용되는 헤어시술모델과 관련하여 개인정보를 제공 및 시술사진 활용하는 것을 동의합니다.

1. 목　　적 : 작품별 관련 모델 시술자료
2. 수집항목 : 본인 얼굴 이미지와 시술과정 사진

20　　년　　월　　일

■ 본인

- 성　　명 : ______________(서명)
- 생년월일 : ______________
- 주　　소 : ______________________________________
- 확인(시술자) : ______________(서명)

개인정보보호법 제15조

개인정보 수집·이용에 동의	☐ 동의	☐ 미동의
사진활용에 동의	☐ 동의	☐ 미동의

본인은 헤어 모델과 시술에 관련하여 어떠한 이의도 제기하지 않겠다는 것에 동의합니다.

20　　년　　월　　일

______________(서명)

미용 요금 상세 주문 내역서

20　　년　　월　　일

고객성명	□ 남 □ 여	핸드폰 (SNS)	□ 수신 □ 수신안함
담당자		생일	
방문경로	□ 블로그 □ 까페 □ 간판 □ 재방문 □ 소개 (　　　　) □ 기타		

시술내용	기본요금	추가요금	비고
컷트 □ 남 □ 여 □ 학생 □ 디자인컷 □ 앞머리			
펌 □ 앞머리 □ 다운펌 □ 기본펌 □ 영양펌 □ 열펌 □ 뿌리펌			
염색 □ 뿌리 염색 □ 전체 염색 □ 탈 색 □ 헤나/왁싱 □ 와칸			
크리닉 □ 기본 □ 특수			
두피 스켈링			
스켈링 컷			
드라이			
샴푸			
업스타일			
점판			

할인/서비스	(%) /
총 합계	
결제방법	□ 현금　□ 카드 □ 회원권

고객 확인	(서명)	담당자 (원장, 부원장, 점장, 실장, 디자이너, 매니저)	(서명)

* 공중위생법 관리에 의하여 시술에 참여한 사람은 모두 면허증(자격증)이 반드시 있어야 함.

HAIR CUTTING Work book

2019년 9월 5일 초판 인쇄
2019년 9월 10일 초판 발행

저 자 박은준·김우빈·권은실·박명희·황은혜

발행인 주 병 오·주 민 기

발행처 메디시언

주 소 경기도 파주시 회동길 209
파주출판문화도시

영업팀 (031) 955-7566·7577
편집디자인팀 (031) 955-7731
F A X (031) 955-7730
홈페이지 www.ji-gu.co.kr
전자우편 jigupub@hanmail.net
등록번호 1979년 7월 13일 제 9-57호

ISBN 978-11-86739-85-3 값 15,000원